Iuliana Vintila

Previsão e otimização da distribuição do campo de micro-ondas na MLS

Iuliana Vintila

Previsão e otimização da distribuição do campo de micro-ondas na MLS

ScienciaScripts

Imprint

Any brand names and product names mentioned in this book are subject to trademark, brand or patent protection and are trademarks or registered trademarks of their respective holders. The use of brand names, product names, common names, trade names, product descriptions etc. even without a particular marking in this work is in no way to be construed to mean that such names may be regarded as unrestricted in respect of trademark and brand protection legislation and could thus be used by anyone.

Cover image: www.ingimage.com

This book is a translation from the original published under ISBN 978-3-330-07349-4.

Publisher:
Sciencia Scripts
is a trademark of
Dodo Books Indian Ocean Ltd. and OmniScriptum S.R.L publishing group

120 High Road, East Finchley, London, N2 9ED, United Kingdom
Str. Armeneasca 28/1, office 1, Chisinau MD-2012, Republic of Moldova, Europe
Printed at: see last page
ISBN: 978-620-7-92239-0

ÍNDICE DE CONTEÚDO

I. PÁGINA DE ROSTO DO PROJECTO DE INVESTIGAÇÃO CIENTÍFICA

Proposta Acrónimo: BERD MICRO

Título da proposta: Bio-Engenharia Reversa e Modelo Molecular Dinâmico para Previsão e Otimização da Distribuição do Campo de Micro-ondas no Desempenho Energético e Processamento de Garantia de Segurança de Estruturas Multi-Camadas

Título breve: A Previsão e Otimização da Distribuição do Campo de Micro-ondas em MLS

II. RESUMO

O objetivo geral do projeto é criar uma aplicação BERD MM original para controlo intrínseco e previsão para otimização do comportamento termo-dielectrico em MLS para desempenho energético e segurança no processamento de micro-ondas. A correlação dinâmica da função MLS e a dedução de procedimentos/parâmetros específicos para uma resposta final personalizada ou um produto final personalizado no processamento de micro-ondas foram o objetivo estratégico da investigação. A previsão do comportamento dinâmico da MLS pelo impacto termo-dielétrico e termo-reológico específico avaliado e modelado devido a interacções únicas entre micro-ondas/materiais e a seleção perfeita de parâmetros/procedimentos no processamento por micro-ondas controlado por bio-engenharia foi o núcleo do BERDMM optimizado para desempenhos energéticos e procedimentos industriais de segurança.

Palavras-chave: Bio-Engenharia Reversa e Modelo Molecular Dinâmico (BERD MM), Estruturas de Múltiplas Camadas (MLS), micro-ondas, transferência de energia, Marcadores biológicos, Marcadores técnicos, Análise de risco, Ponto de Curie

III. OS OBJECTIVOS DA INVESTIGAÇÃO E A QUALIDADE TECNOLÓGICA DO PROJECTO

O objetivo geral do projeto é criar uma aplicação BERD MM original para controlo intrínseco e previsão para otimização do comportamento termo-dielectrico em MLS para desempenho energético e processamento de micro-ondas de segurança.

A função MLS de correlação dinâmica e a dedução de procedimentos/parâmetros específicos para uma resposta final personalizada ou um produto final personalizado no processamento por micro-ondas foram o objetivo estratégico da investigação.

A previsão do comportamento dinâmico do MLS através da avaliação e modelação do impacto termo-dielétrico e termo-reológico específico devido às interacções únicas entre micro-ondas/materiais e à seleção perfeita de parâmetros/procedimentos no processamento de micro-ondas controlado por bio-engenharia é o núcleo do BERDMM optimizado para desempenhos energéticos e procedimentos industriais seguros.

A qualidade tecnológica do projeto deveu-se à solução perfeita para a elevada procura de uma aplicação tecnológica optimizada e controlada no processamento industrial de micro-ondas para a indústria alimentar e a medicina.

BERDMM é um conceito original proposto neste projeto para tecnologias industriais de micro-ondas, com grande relevância no desempenho energético do processamento térmico, procedimentos de alta segurança e controlo de qualidade total. A previsão da resposta e do comportamento termo-dielectrico abre a possibilidade de um controlo intrínseco preciso da transformação térmica in situ e de uma seleção perfeita de parâmetros/procedimentos para um produto final feito à medida.

A proposta tem aspectos interdisciplinares e multidisciplinares evidentes, tanto em termos de abordagem e métodos de investigação (engenharia alimentar, métodos numéricos, termoreologia dinâmica, métodos de avaliação energética/exergética, FEN, análise de riscos, análise estatística, análise de métodos inversos) como de impacto (científico, tecnológico, técnico, social, económico).

Além disso, o projeto baseia-se nos conhecimentos e na experiência do co-coordenador e da instituição anfitriã, que se dedicam a estudos de bio-engenharia aplicada, desempenho energético e garantia de segurança no processamento de micro-ondas ecológico. De facto, a abordagem multidisciplinar que o projeto implementa e apoia é um fator chave no seu desenvolvimento do BERDMM.

As abordagens multidisciplinares tornam a complexidade e a beleza do projeto; permitem que a investigação seja orientada para os problemas: os estudos não são nem centrados no desenvolvimento de um produto final funcional personalizado - processo ou aplicação específica. Em vez disso, o projeto tem o seu lugar num conjunto de outros projectos associados à identificação do mecanismo molecular que conduziu a uma resposta específica no processamento por micro-ondas.

As abordagens inovadoras do BERDMM têm uma evolução sustentável para a otimização completa do processamento de micro-ondas em MLS complexos.

O projeto foi orientado e contribui para as seguintes áreas-chave:

1. contribuindo para o novo valor acrescentado ao conhecimento científico atual na modelação e otimização do processamento por micro-ondas com critérios-chave de sustentabilidade e segurança alimentar;

2. partilhar conhecimentos, proporcionar uma plataforma para o debate científico, informar as principais partes interessadas e os decisores e assegurar uma representação proactiva a todos os níveis;

3. maior desenvolvimento da posição académica dos membros do projeto como cientistas

independentes na área da ciência e tecnologia alimentar;

4.   encoraja o desenvolvimento e a aplicação optimizados de tecnologias com um impacto reduzido no ambiente e incentiva os esforços para garantir modelos validados para aplicação na indústria alimentar.

É necessária uma caraterização abrangente da estrutura-função num modelo bio-molecular com elevado desempenho energético e critérios-chave de segurança alimentar a nível molecular e os resultados do projeto permitirão uma melhor compreensão das excelentes capacidades, bem como dos limites do processamento por micro-ondas em MLS.

Até à data, apenas alguns estudos se centram na abordagem biomolecular no processamento por micro-ondas e nenhum utiliza o BERD para MLS.

Os progressos alcançados pela presente proposta de projeto fornecerão informações valiosas (protocolos de avaliação do stress termo-dielectrico, mecanismos moleculares de interação micro-ondas-receptores, avaliação dos efeitos termodinâmicos de diferentes stresses) para novas ferramentas de investigação (uma lista de bio e tecno-marcadores e procedimentos de rastreio).

Os benefícios da nova aplicação podem ser aplicados à investigação realizada em alimentos e ao rastreio médico de MLS para tecnologias da próxima geração e análise de dados bioinformáticos. O Quadro Europeu e, em especial, a Bolsa Marie Curie oferecem um apoio único e generoso à colaboração multinacional entre cientistas especializados numa determinada área para atingir a massa crítica e o máximo impacto da investigação europeia. É o caso da presente proposta de projeto, em que o trabalho conjunto numa área de investigação prioritária conjunta criará um sinergismo de competências e obterá um reforço de valores e capacidades numa área fortemente inovadora. O coordenador do projeto trabalhará em estreita colaboração com organizações públicas, representantes da sociedade civil e agências governamentais para manter o público informado e para catalisar o progresso e os novos desafios na investigação do processamento de micro-ondas. O trabalho da equipa do projeto irá preencher uma importante lacuna existente nos modelos de processamento por micro-ondas para uma previsão precisa do comportamento alimentar e um controlo industrial ótimo.

Do ponto de vista de um visionário ousado, o projeto poderia produzir melhorias permanentes a longo prazo nos sectores sociais e económicos à escala global.

Os objectivos gerais da investigação são os seguintes

1. Conceito e design BERDMM

1.1 Pressupostos gerais

1.1.1 Mecanismo geral de aquecimento dielétrico no campo de micro-ondas (condução real, ressonância, polarização/relaxamento e aquecimento dielétrico). Fenómenos de reflexão/absorção da razão e nível de concentração de energia na interação MLS-radiação

1.1.2 Mecanismo molecular direto de aquecimento seletivo por micro-ondas. Modelo de antena de distribuição de susceptores e potencial de aquecimento controlado in situ.

1.1.3 Correlação entre a distribuição da potência eléctrica do campo de micro-ondas no interior de uma cavidade e a uniformidade e magnitude do efeito térmico no processamento de micro-ondas MLS.

1.1.4 Correlação entre o comportamento dielétrico, parâmetros reológicos, capacidade de polarização/equilíbrio de ressonância e calor específico dinâmico no processamento de micro-ondas MLS.

1.2 Rastreio termo-dielectrico de MLS. Gráfico de distribuição dos bio-susceptores

1.3 Análise termodinâmica da MLS. Investigação dos parâmetros termo-reológicos

2. BERD MM Aplicação para a previsão do comportamento termo-dielectrico no processamento por micro-ondas de MLS

2.1   . Avaliação do impacto direto (distribuição do campo elétrico e perfil de temperatura, padrão de absorção e distribuição de gradientes térmicos) e correlação com os marcadores-chave (distribuição de cartas de susceptores na bioestrutura do recetor, fator de dissipação dos biosusceptores, calor específico dinâmico, compostos com ponto Curie específico) para a previsão do comportamento termo-dielétrico no processamento de micro-ondas MLS

2.2   Bio-marcadores para a previsão do comportamento termo-dielétrico no processamento de micro-ondas MLS

2.3   . Marcadores técnicos para a previsão do comportamento termo-dielétrico no processamento de micro-ondas MLS

2.4   BERD MM para a previsão da relação estrutura-função no processamento bio-molecular controlado por micro-ondas

3.   BERDMM Otimização para o processamento de micro-ondas MLS em termos energéticos e de segurança utilizando marcadores técnicos e biológicos

4.   Validação experimental e estatística do BERDMM optimizado para o processamento de micro-ondas de MLS com desempenho energético e segurança.

IV. A ABORDAGEM DO PROJECTO DE INVESTIGAÇÃO

1. Conceito e design BERDMM

1.1 Pressupostos gerais

1.1.1 Mecanismo geral de aquecimento dielétrico no campo de micro-ondas (condução real, ressonância, polarização/relaxamento e aquecimento dielétrico). Fenómenos de reflexão/absorção da razão e nível de concentração de energia na interação MLS-radiação

O mecanismo geral do aquecimento por micro-ondas é a dissipação de energia em meios com perdas, designado por aquecimento dielétrico. O ponto de polarização máxima (desempenho energético máximo) em estruturas complexas é difícil de determinar devido ao efeito simultâneo da mobilidade, agitação térmica, movimento browniano e colisões (Venkatesh e Raghavan, 1992; Thostenson e Chou, 1999). A hipótese do projeto é que a gama de desempenho energético ótimo corresponde ao ponto de segurança de estruturas finais de qualidade.

A geometria e as propriedades dieléctricas dos alimentos e das estruturas biológicas são relevantes na conceção de procedimentos e equipamentos industriais de micro-ondas, bem como na previsão das taxas de aquecimento específicas e na descrição do comportamento térmico (Ayappa, 1999). No aquecimento por micro-ondas, a energia do campo eletromagnético é transformada em energia térmica através da interação direta molecular e selectiva (Buffler, 1993).

Do nosso ponto de vista, o **estado dielétrico molecular** determina a susceptibilidade de acoplar com o campo eletromagnético como num **modelo de antena** e converter em calor a energia absorvida. **O aquecimento seletivo e controlado in situ** é possível com **biomoléculas (bio-marcadores-alvo)** ou materiais com **controlo intrínseco da temperatura** (compostos de elevada perda com ponto Curie específico).

Os alimentos ou sistemas biológicos complexos multicamadas e multifásicos induzem automaticamente gradientes térmicos em campos de micro-ondas de alta frequência devido ao mecanismo de interação selectiva. A magnitude da resposta à excitação por micro-ondas depende da capacidade de absorção de radiação e do coeficiente de conversão térmica da estrutura.

A **constante dieléctrica (ε') reflecte a capacidade de acumulação de energia (fator ou capacidade de armazenamento de energia)** no campo de micro-ondas.

A potência absorvida e depois convertida em calor está diretamente relacionada com o fator de perda dieléctrica ε'' (fator de perda).

A potência dissipada no interior de um material é proporcional a ε'' (Datta et al., 1995; Nelson, 1992).

O rácio reflexão/absorção determina a eficiência térmica do aquecimento por micro-ondas MLS e a refletividade da estrutura limite da camada gera um reforço da radiação não absorvida na camada de previsão.

1.1.2 Mecanismo molecular direto de aquecimento seletivo. Modelo de antena de distribuição de susceptores e potencial de aquecimento controlado in situ.

A resposta térmica depende do fornecimento de energia recebido a nível molecular (Ryynanen, 1995). No nosso projeto, o controlo intrínseco da temperatura com biomarcadores assegura o fluxo de energia adequado na região ativa da dimensão molecular, dependendo do comportamento termo-dielectrico e topográfico da estrutura com perdas e da resposta termo-reológica da matriz não-susceptora.

Os dipolos e os compostos iónicos de uma estrutura são basicamente conhecidos como **parceiros de micro-ondas ou receptores do tipo antena (susceptores)** de interação através do mecanismo de rotação dipolar e condução iónica.

Os dipolos e as moléculas assimétricas são alvos directos específicos que absorvem a energia de micro-ondas incidente e produzem a conversão em energia térmica por efeito de rotação e vibração.

A migração iónica para as regiões de carga oposta representa a condução iónica sob a influência da energia de micro-ondas e produz colisões e rutura de ligações de hidrogénio com efeito térmico.

As restrições ao seu movimento introduzidas pelos outros componentes alimentares afectam diretamente a magnitude do aquecimento (nível e taxa de efeito térmico). Na proposta de projeto, o modelo de antena de avaliação da distribuição de susceptores cria uma distribuição de gráficos dieléctricos de compostos com perdas e prevê a distribuição de gráficos de energia cinética ou exergia no MLS rastreado.

Na MLS, foi considerada a relação absorção/reflexão na área limite da MLS porque ocorre um reforço de energia consistente no processo de reflexão repetitiva.

A dinâmica cinética da viscosidade complexa reflecte as alterações termo-reológicas ocorridas na estrutura devido à dissipação da energia de micro-ondas acumulada nas estruturas da antena. Os factores de permeabilidade em MLS associados à medição do potencial de membrana e da pressão interfacial serão realizados de forma modelar e experimental.

1.1.3 Correlação entre a distribuição da potência eléctrica do campo de micro-ondas no interior de uma cavidade e a uniformidade e magnitude do efeito de aquecimento

Neste momento, **a previsão do comportamento termo-dielétrico para uma estrutura não homogénea a diferentes frequências, temperaturas ou vários níveis de ligação de água é ainda um aspeto não resolvido no processamento de micro-ondas.**

O aquecimento por micro-ondas é um fenómeno não linear e o projeto proporá um protocolo de modelização em termos de termodinâmica linear de não-equilíbrio.

A avaliação da forma funcional do campo elétrico é uma tarefa difícil **no caso de estruturas**

multicamadas e o modelo de distribuição não está disponível neste momento. A determinação da distribuição do campo elétrico no interior da amostra em função da geometria e dos parâmetros dieléctricos continua a ser uma tarefa complexa e difícil e a descrição clara do mecanismo de interação molecular e da subsequente taxa de efeito de aquecimento oferece uma solução precisa.

O perfil de temperatura dos compostos dieléctricos é difícil de prever no caso de estruturas complexas com várias camadas.

A água é o principal parceiro de interação da energia de micro-ondas nos alimentos. A influência de diferentes teores de água e sal nas propriedades dieléctricas foi significativamente grande, especialmente a 450 e 900 MHz.

Na gama de temperaturas estudada, o teor de cinzas elevou a perda dieléctrica, indicando que o aumento do sal adiciona portadores de carga condutores que aumentam a perda do sistema como resultado da migração de carga.

A distribuição da temperatura é determinada principalmente pela profundidade de penetração das micro-ondas na bioestrutura (Sun et al., 1995) e a taxa de aquecimento será expressa pela lei de potência.

1.1.4 Correlação entre as propriedades dieléctricas (constante dieléctrica complexa), parâmetros reológicos, capacidade de polarização/equilíbrio de ressonância e calor específico dinâmico no processamento de micro-ondas MLS.

O processamento por micro-ondas é grandemente influenciado pela constante dieléctrica complexa e pelas diferenças de aquecimento entre as camadas. No projeto, consideramos que a constante dieléctrica complexa permite uma previsão clara do comportamento termo-dielétrico apenas para os compostos com perdas do MLS.

A capacidade de polarização/equilíbrio de ressonância define o fator de eficiência térmica para os compostos susceptores.

A região local que aceita micro-ondas avidamente gera gradientes de temperatura e consideramos que a textura da camada pode atuar como uma barreira de aquecimento devido à estratificação da estrutura. No presente projeto, as potenciais diferenças de temperatura acima de um **valor crítico de gradiente de temperatura** serão eliminadas através da condução de calor permitida para igualar as diferenças de temperatura acima.

Além disso, no caso da MLS, o índice reflexivo nos limites da camada limite e o gradiente de pressão determinam o fluxo molecular, o atrito e a evolução da viscosidade.

A avaliação da evolução dinâmica do MLS devido a reacções específicas que podem ocorrer in situ durante a exposição às micro-ondas sugere a necessidade de uma abordagem termodinâmica e de uma investigação reológica dinâmica.

1.2 Rastreio termo-dielectrico de MLS. Gráfico de distribuição de bio-susceptores

No presente projeto, o rastreio dielétrico dinâmico basear-se-á na monitorização contínua de receptores de micro-ondas a nível molecular com sensores de densidade (massa molecular), orientação e nível de água livre em frequências e gamas de temperatura específicas.

A relação entre o nível de polarização e a temperatura na primeira face e entre o efeito de condução subsequente e a fase de relaxamento da polarização (fase de aquecimento passivo, sem exposição a micro-ondas) permite a modelação correcta do processamento térmico na nossa proposta de projeto.

A distribuição não uniforme da temperatura no campo de micro-ondas produz uma polarização que atinge o seu valor de equilíbrio dependendo do tempo de relaxação dipolar total do sistema.

Após a interação ativa com a energia de micro-ondas, os susceptores descarregam irreversivelmente e ocorre então a condução térmica e a relaxação da polarização. A polarização sob a pressão do campo eletrónico é instantânea e consideramos como fontes de entropia tanto a condução térmica como a relaxação da polarização.

1.3   Análise termodinâmica da MLS. Investigação dos parâmetros termo-reológicos

Na MLS, a dependência das propriedades dieléctricas (constante dieléctrica complexa) e o fator de perda não são lineares com a temperatura (Sun, 1995).

A reodinâmica devida às mudanças de fase (desnaturação das proteínas, gelatinização, descongelação e congelação) modifica a mobilidade da água e a condutividade iónica com as temperaturas.

A chave de investigação do projeto na investigação do impacto das micro-ondas é a análise global da **distribuição das moléculas alvo (susceptoras) e da dinâmica do comportamento reológico em função da energia térmica descarregada pelos biocompostos da antena.**

A previsão do impacto termo-reológico específico devido às interacções únicas micro-ondas/materiais associadas à conceção do processo/parâmetros e ao rastreio da resposta dieléctrica representa o núcleo do BERDMM proposto.

A dificuldade de avaliação e controlo do processo devido aos efeitos térmicos ultra-rápidos pode ser eliminada com a estratégia de protocolo rigoroso proposta pelo BERDMM optimizado.

Os realinhamentos das partículas no campo de micro-ondas devido à deformação da interface modificam os parâmetros reológicos interfaciais.

O aumento da taxa de deformação diminui a viscosidade de cisalhamento e a viscosidade de dilatação da superfície.

A distribuição de tensões regida pela distribuição de pressão no estágio transiente da MLS será descrita com a diferença de pressão Laplaciana para a parte deformada da interface.

2.   Aplicação de BERD MM para previsão do comportamento termo-dielectrico no processamento por micro-ondas de MLS

2.1   . Avaliação do impacto direto (distribuição do campo elétrico e perfil de temperatura, padrão de absorção e distribuição de gradientes térmicos) e correlação com os marcadores-chave (distribuição de cartas de susceptores na bioestrutura do recetor, fator de dissipação dos biosusceptores, calor específico dinâmico, compostos com ponto Curie específico) para a previsão do comportamento termo-dielétrico no processamento de micro-ondas MLS

A **tangente de perda ou fator de dissipação ($\varepsilon''/\varepsilon'$)**, um parâmetro dielétrico descritivo, foi proposto como indicador-chave da capacidade do material para converter em calor a energia de micro-ondas absorvida. Nas fases transientes, serão estabelecidas as relações entre ε' e ε'' com as variáveis de estado na frequência de processamento.

No MLS, **a determinação da distribuição do campo elétrico** no interior da amostra pode descrever o **perfil de temperatura e a taxa de aquecimento específica** desenvolvida durante a exposição ao campo de micro-ondas.

As propriedades termofísicas (condutividade térmica, difusividade térmica e calor específico) da matriz dos susceptores, a repartição in situ, o estado dielétrico dos susceptores e a energia incidente e penetração das micro-ondas são os parâmetros fundamentais na avaliação do impacto das micro-ondas e na construção do BERDMM.

2.2 Bio-marcadores para a previsão do comportamento termo-dielétrico no processamento de micro-ondas MLS

O BERDMM propõe como biomarcadores três biomoléculas com ponto Curie específico: os biocompostos de ferrite de zinco, magnésio e cobre.

Os biomarcadores permitem um controlo intrínseco perfeito do historial da temperatura da estrutura porque, abaixo do ponto de Curie específico, apresentam uma elevada perda de energia e um coeficiente específico de forte absorção de energia de micro-ondas e aumentam até à temperatura crítica (ponto de Curie).

A engenharia bio-molecular com controlo intrínseco da temperatura é o aspeto central na previsão e otimização da resposta dieléctrica e do comportamento da MLS no processamento por micro-ondas.

Em função do tipo de geradores (magnetrões, klistrões, amplitrões), a intensidade das micro-ondas industriais e os efeitos de aquecimento aumentam exponencialmente. A frequência e o nível de potência são propostos como parâmetros de interesse primário na investigação biológica por micro-ondas.

A análise de risco avaliará o impacto a nível molecular e sub-molecular. Como pressuposto inicial, consideramos no nosso estudo que o efeito de ionização pode ser ignorado e efectuamos a avaliação dos efeitos correlacionados com o grau de ressonância para as estruturas susceptoras.

Os pacotes controlados de energia de micro-ondas eliminam o efeito de ionização devido ao excesso local de energia.

Na previsão da resposta dieléctrica da membrana à ação das micro-ondas, a capacidade dieléctrica da membrana celular será tratada especificamente em correlação com os processos electro-metabólicos e a frequência.

2.3 . Marcadores técnicos para a previsão do comportamento termo-dielétrico no processamento de micro-ondas MLS

O BERDMM propõe 3 tecno-marcadores como parâmetros-chave para o controlo intrínseco e a previsão para a otimização no processamento de micro-ondas MLS: a constante dieléctrica complexa, o índice de viscosidade complexo e o calor específico dinâmico.

A constante dieléctrica complexa revela o comportamento da estrutura dieléctrica no processo dinâmico porque é definida para as frequências em que existem diferenças de fase, polarização e transferência de energia.

A interação dinâmica entre o campo de micro-ondas e a MLS será determinada pela constante dieléctrica complexa.

O impacto termo-reológico foi proposto para ser monitorizado e controlado com o índice de viscosidade complexo, o módulo de armazenamento considerado como a parte real e o módulo de perda como a parte imaginária do parâmetro chave-reológico.

A história térmica da MLS controlada com o calor específico dinâmico avalia o resultado térmico final da interação micro-ondas-estrutura.

2.4 BERD MM para a previsão da relação estrutura-função no processamento bio-molecular controlado por micro-ondas

A engenharia inversa é comummente utilizada para o desenvolvimento de produtos concorrentes e de processos complexos e dispendiosos (Dick, 2006; Eilam e Chikofsky, 2007).

No nosso modelo de engenharia inversa, a estrutura-função da correlação dinâmica e a dedução de procedimentos/parâmetros específicos para uma resposta final personalizada, um comportamento intrinsecamente controlado ou um produto final personalizado foram o objetivo estratégico da investigação.

O presente projeto de investigação propõe uma nova abordagem na modelação e otimização do coeficiente de transferência em fases transientes da MLS. Durante uma transição de fase dinâmica sólido-sólido para um alimento termoelástico linear, ambos os campos de deslocamento e temperatura são tipicamente modelados como sendo contínuos.

Os saltos na tensão, deformação, velocidade, fluxo de calor e taxa de deformação através da interface de fase estão relacionados com a localização das leis de balanço de energia e momento linear na interface de fase. As descontinuidades dos saltos ocorrem através das superfícies que separam as fases do mesmo material alimentar com diferentes estados físicos nas transições de fase (por exemplo, a superfície que separa a fase sólida da fase líquida na solidificação).

Um salto na deformação através de uma interface móvel causa uma descontinuidade correspondente no fluxo de calor.

As equações diferenciais que descrevem a evolução no tempo da interface do sistema multifásico e as quantidades em excesso associadas são as seguintes

(1)   Equação de balanço de massa de salto;

(2)   Equação do balanço de massa das espécies;

(3)   Equação de equilíbrio de momento;

(4)   Equação do balanço energético;

(5)   Equação de equilíbrio de entropia.

Na perspetiva do projeto, as variáveis estruturais incluídas na equação constitutiva da exergia permitirão prever o **comportamento termo-reológico interfacial no estado transiente.**

A partir do balanço de entropia e da equação de previsão, foi proposta a construção de **um modelo combinado de similitude com duas equações para a previsão da tensão-deformação nas** camadas **interfaciais.**

Foi proposta a descrição do potencial químico de superfície $\mu\,^\circ$ da espécie i em função da **exergia livre total da superfície** Ex.

Com base na teoria Flory-Higgins-Free Volume FHFV desenvolvida por Vrentas, o diagrama de fases no estado de transição depende da atividade da água livre e da temperatura. Do nosso ponto de vista, o diagrama de estados foi proposto para ser completado com os dados do Sistema Disperso Complexo, a fim de investigar os diferentes estados de transição nas unidades de processo MLS.

As equações de continuidade, momento e energia térmica sem dimensão para o MLS com viscosidade transiente foram propostas para serem usadas.

A FEN foi proposta para associar os efeitos térmicos e de mecânica dos sólidos que ocorrem durante o processamento por micro-ondas, de modo a obter uma previsão exacta do perfil de temperatura (Reddy, 1993).

O pacote de software COMSOL Multiphysics é proposto para uma nova abordagem na simulação do complexo, combinando elementos finitos com dinâmica molecular no BERDMM proposto.

3. BERDMM optimizado para o processamento de micro-ondas MLS em termos energéticos e de segurança

No presente projeto, foi proposta uma nova abordagem de otimização com análise exergética e determinação do coeficiente exergético para uma melhor compreensão das influências dos fenómenos termodinâmicos na eficácia do processo, comparação da importância de diferentes factores termodinâmicos e determinação das formas mais eficazes de melhorar o processo em consideração.

A abordagem mais comum no protocolo de transferência térmica inversa envolve a estimativa do fluxo de calor superficial utilizando dados de temperatura recolhidos em função do tempo em vários locais conhecidos no interior dos alimentos com propriedades térmicas conhecidas (Kim e Oh, 2000).

A determinação do coeficiente de transferência de calor é ainda um aspeto importante por resolver na modelação do funcionamento de unidades alimentares em que os sistemas multifásicos alteram o estado físico inicial.

A aplicação da análise dimensional e a formulação da equação dos critérios que descrevem as fases de transição estão ligeiramente representadas na literatura científica.

O projeto considera o calor específico dinâmico associado à evolução térmica de um MLS que sofre um aquecimento de quase-equilíbrio, relacionado com as flutuações de equilíbrio da entropia.

O calor específico dinâmico tem um componente dependente do tempo que será considerado para as alterações de entropia fora das flutuações de equilíbrio, que conduzem o sistema através do processo irreversível.

A relação _;5.v 5.-. :' foram propostos para definir a qualidade (**energeticamente**

nível de desempenho) ou **eficiência de transferência exergética** no processamento por micro-ondas, porque a exergia representa a energia útil total disponível e de trabalho com capacidade total de transformação em qualquer outra forma de energia (incluindo a anergia), um parâmetro termodinâmico que define a qualidade da transferência de energia.

A análise exergética é a chave para a avaliação e otimização do processamento térmico. No processo energético optimizado, a evolução da exergia é positiva e, no ideal, a tendência é para a conversão máxima do estado exergético inicial.

Os modelos de otimização exergética estabelecem a eficiência da transferência e da conversão exergética e a distribuição da exergia que permite uma otimização termodinâmica do desempenho da transferência térmica com um método inverso (Bejan, 1997).

A análise inversa é um método incremental proposto como algoritmo de otimização para determinar um conjunto elipsoidal de soluções em torno do valor ótimo (Figura 1).

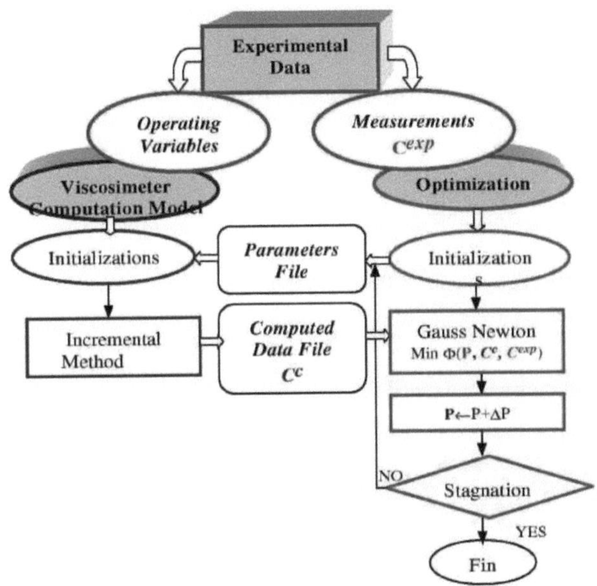

FIGURA 1. Princípio da análise inversa (Gavrus, 1996)

Fields e Backofen propuseram um método analítico simplificado para obter uma estimativa direta da tensão de corte, da taxa de deformação e da deformação, partindo do pressuposto de que, durante uma carga de torção estática, o comportamento do material é influenciado apenas pela posição radial. É então negligenciada qualquer variação axial local de temperatura, taxa de deformação e deformação ou amolecimento dinâmico estrutural do material.

Neste caso, negligenciando o efeito de inércia e a variação da viscosidade com as coordenadas z ($\mu(r) = \Phi(r)$), a equação (1) define um gradiente de velocidade de rotação constante no eixo.

$$[\sigma] = -p[I] + [s] \text{ with } s([\varepsilon],[\dot{\varepsilon}],T) = 2\mu(P,\bar{\varepsilon},\dot{\bar{\varepsilon}},T,\xi)[\dot{\varepsilon}] \tag{1}$$

$$v_r = 0, v_\theta = r\omega(z), v_z = 0 \text{ with } \omega(0) = 0 \text{ and } \omega(c) = \Omega \tag{2}$$

Se forem tidas em conta as condições de fronteira anteriores definidas por (2), a velocidade de rotação tem uma variação linear, ou seja, $\omega(z) = z\Omega/e$.

De uma forma geral, o comportamento de um fluido viscoplástico pode ser descrito por uma lei constitutiva de Norton-Hoff (3):

$$[s] = 2\mu(\dot{\varepsilon},T)[\dot{\varepsilon}] \text{ WITH } \mu(\dot{\varepsilon},T) = \tau_0 / \sqrt{3}\dot{\varepsilon} + K(T)\left(\sqrt{3}\dot{\varepsilon}\right)^{n-1}, K = K_0 \, exp(\beta/T), \beta = nQ/R \qquad (3)$$

Aqui Q é a energia de ativação e R é a constante dos gases perfeitos.

Consequentemente, o método analítico de Fields & Backofen pode ser utilizado para identificar os parâmetros reológicos através de uma regressão não linear simples da tensão de corte experimental acima estimada, minimizando a função de custo (4):

$$\Phi(P) = \sum_{i=1}^{N\,exp} \left[\tau_i - \tau_i^{exp}(R)\right]^2 / \sum_{i=1}^{N\,exp} \left[\tau_i^{exp}(R)\right]^2 \quad (4)$$

De uma forma mais geral, utilizando o princípio da análise inversa ilustrado na Figura 1, é possível efetuar a identificação dos parâmetros diretamente a partir dos binários medidos utilizando a função objetivo (5):

$$\Phi(K,n,\beta) = \sum_{i=1}^{N\,exp} \left[C_i^c - C_i^{exp}\right]^2 / \sum_{i=1}^{N\,exp} \left[C_i^{exp}\right]^2 \quad (5)$$

As funções de interface de simulação são usadas para atualizar adequadamente os resultados da análise direta de acordo com os parâmetros definidos, para determinar e associar os resultados da análise em um algoritmo de otimização. No método inverso proposto, um efeito otimizado foi imposto sob parâmetros desconhecidos de influência e os marcadores de eficiência (temperatura ou velocidade) são medidos em diferentes locais dentro da bioestrutura específica (Vintila e Gavrus, 2017).

Os parâmetros físicos das condições de fronteira que determinam este efeito serão determinados e utilizados como base no protocolo de otimização BERDMM.

4. Validação experimental e estática do BERDMM optimizado para o processamento de micro-ondas de MLS com desempenho energético e segurança

O principal pressuposto na validação experimental do projeto é que a distribuição do campo elétrico no interior da cavidade de micro-ondas não é constante, mas depende da forma e do tamanho da cavidade e, subsequentemente, dos modos dominantes das micro-ondas.

As experiências incluem as propriedades térmicas do MLS e a investigação microscópica, a distribuição da intensidade do campo de micro-ondas, a superfície da temperatura e a distribuição do gráfico interno do MLS e a curva não linear completa de tensão-deformação considerada para descrever o comportamento mecânico.

A validação estatística do BERDMM será efectuada através de testes de estimação não lineares com um nível de significância $p < 0,05$ (procedimento de Levenberg-Marquardt).

V. A PERTINÊNCIA DA METODOLOGIA DE INVESTIGAÇÃO E DA ABORDAGEM CIENTÍFICA

A avaliação de engenharia bio-molecular foi proposta para ser realizada a baixas temperaturas, a fim de monitorizar perfeitamente a reação molecular com espetroscopia de massa. A fim de controlar a energia incidente, a metodologia do projeto propõe o método da refletividade indireta.

A absorção total e a absorção crítica até à ressonância serão determinadas espectroscopicamente sob controlo da viscosidade. A formação da cadeia de pérolas em condições não térmicas (sem movimento browniano) no limite da energia potencial será examinada por microscopia associada ao efeito biológico gerado pela redistribuição molecular na polarização.

Propôs-se que o impacto a nível celular estivesse associado ao **potencial de membrana** medido com microelectrodos in situ.

O impacto das micro-ondas na MLS (pele, gordura, músculos, ossos, tendões, nervos) foi proposto para ser investigado utilizando o ensaio de onda plana.

O **fator de dissipação** na camada foi o marcador do comportamento dielétrico da camada e o coeficiente de reflexão da interface avalia o impacto da transição da interface.

A abordagem de modelação proposta foi com o software FEN e COMSOL Multiphysics e nas condições de fronteira propomos um termo adicional (**coeficiente de reflexão de interface repetitiva**) para a re-reflexão da energia não absorvida na camada anterior.

A reflexão repetitiva será avaliada com a absorção ressonante crítica em que o reforço do campo in situ devido a danos críticos no ADN.

Os coeficientes de reflexão de ondas planas por camada serão determinados para várias interfaces de tecidos. A profundidade crítica de 1/e decrescente da energia incidente permitirá determinar **a curva de penetração** e o grau comparativo de penetração em diferentes camadas.

A secção transversal de **absorção relativa** das estruturas para micro-ondas foi também determinada como o rácio da potência absorvida em relação à potência incidente.

A secção transversal de absorção relativa das estruturas reflecte o efeito potencial do campo de micro-ondas nas estruturas biológicas e será o indicador-chave na investigação da análise de risco.

O efeito cumulativo em múltiplas sequências de exposição a micro-ondas será investigado em MLS e será determinada a **dose crítica** expressa em densidade de potência (Watt.cm^{-2}) e o tempo mínimo para danos no ADN. In vivo, os testes foram realizados até uma resposta aguda à temperatura de referência.

A análise de perigo será tratada na correlação do **risco potencial** com a frequência e a penetração e, no MLS, serão tidos em conta os factores de reforço reflexivo e de ressonância dimensional.

A distribuição da temperatura em relação ao valor ótimo de segurança de 70 °C no centro da estrutura e a taxa de letalidade crítica são os indicadores de segurança propostos na análise de risco.

Na análise exergética para otimização do desempenho energético, o calor específico dinâmico de um MLS isotrópico e dielétrico será investigado com um protocolo calorimétrico oscilatório e modelado com FEN.

A validação experimental do BERDMM proposto será conduzida pela exposição da amostra (cilindros de 30 × 30 mm) ao campo elétrico é uma constante em todos os momentos e igual à intensidade média do campo elétrico.

Propõe-se que as propriedades térmicas sejam avaliadas utilizando um calorímetro de varrimento diferencial (PYRIS 1 DSC, Perkin-Elmer, CT, EUA). Microscopia: propõe-se que as amostras sejam examinadas com um SEM JSM5400 (JEOL Inc., MA, EUA) a trabalhar com uma tensão de aceleração de 20 keV. Foi proposta uma câmara de imagem térmica de infravermelhos (Modelo A320, FLIR Systems, Boston, MA) para medir a distribuição das temperaturas da superfície.

A fim de determinar a dinâmica da evolução da temperatura, foi proposto medir o historial da temperatura utilizando um sistema de fibra ótica (Fiso Technologies, Quebeque, Canadá). A análise inversa é proposta como algoritmo de otimização para determinar um conjunto elipsoidal de soluções em torno do valor ótimo. Um pacote de simulações informáticas (COMSOL Multiphysics associado ao MATLAB 6.5, Mathworks Co.) e algoritmos numéricos baseados no método dos elementos finitos foram propostos para serem utilizados na avaliação e otimização dos parâmetros do modelo de transferência.

VI. A ORIGINALIDADE E O CARÁCTER INOVADOR DO PROJECTO E A RELAÇÃO COM O "ESTADO DA ARTE" DA INVESTIGAÇÃO NO DOMÍNIO CIENTÍFICO

O projeto descreve um BERDMM original, com uma **abordagem molecular direta** conduzida ao nível das moléculas de bio-marcadores, que permite uma previsão precisa do comportamento termo-dielectrico in situ e no tempo do processamento de micro-ondas MLS.

O protocolo completo baseado na modelação da estrutura funcional e na previsão dos parâmetros-chave oferece um controlo intrínseco perfeito da distribuição dos campos eléctricos e térmicos com o balanço energético polarização-equilíbrio-relaxamento.

No projeto são introduzidos novos conceitos de **bio-marcadores e tecno-marcadores** no processamento de micro-ondas com garantia de desempenho e segurança energética, a fim de descrever o **controlo in situ** com **biomoléculas alvo e a seleção optimizada de parâmetros/procedimentos industriais.** Os BERDMM que dependem da distribuição de energia eléctrica do campeão de micro-ondas na frequência crítica foram também originalmente propostos para investigação.

O coeficiente de reflexão da interface repetitiva na reflexão cumulativa foi originalmente proposto para ser avaliado.

A análise exergética é um ponto-chave introduzido pelo projeto na modelação de previsão e otimização do processamento de micro-ondas MLS.

A distribuição exergética permite uma otimização termodinâmica precisa do desempenho da transferência de calor e a otimização completa com o BERDMM. Os factores que afectam a absorção da energia acelerada (frequência, potência da radiação, tempo, penetração no volume, parâmetros reológicos dos fluidos) foram controlados numa aplicação integrativa do BERDMM.

A análise de risco e a otimização do processamento de segurança através do controlo da taxa de letalidade em alimentos e estruturas biológicas MLS (camadas pele-gordura-músculo e trato gastro-intestinal) foram propostas no presente projeto. Do ponto de vista da segurança, foram propostos os critérios de absorção ressonante crítica devido a danos críticos no ADN para a avaliação do impacto da segurança do MLS.

Os coeficientes de reflexão de ondas planas por camada foram propostos para serem determinados para várias interfaces de tecidos. O BERDMM para a previsão do comportamento termo-dinâmico e o controlo in situ em procedimentos seguros e bem monitorizados com exposição a micro-ondas é uma abordagem única na bio-engenharia atual.

VII. A OPORTUNIDADE E A PERTINÊNCIA DO PROJECTO

O projeto BERD MICRO apresenta uma excelente combinação de aplicações científicas e industriais concebidas e avaliadas em estreita colaboração com as empresas interessadas.

O projeto tem grande atualidade e relevância nas ciências actuais, tanto fundamentais como aplicadas, devido ao inovador BERDMM proposto para os tipos de MLS complexos ligeiramente investigados, com aplicação direta na bio-engenharia.

A abordagem científica é holística e inovadora, porque não trata cada composto com perdas separadamente e de forma estática, introduz o perfil dinâmico termo-dielectrico (gráfico de receptores de micro-ondas) e o controlo bio-molecular como ferramentas eficientes em procedimentos práticos de qualidade e desempenho energético.

Os objectivos gerais (qualidade total/desempenho/segurança) qualificam o projeto como prioritário no Espaço Europeu da Investigação (EEI) e a bolsa poderá dar o reconhecimento da contribuição científica original para o reforço da excelência da investigação no EEI.

A aplicação e os resultados do projeto abrem a possibilidade de explorar toda a estrutura biológica de uma forma holística, com a avaliação do impacto humano e ambiental das tecnologias de micro-ondas nas tecnologias do mundo atual.

Do ponto de vista científico, foram propostos métodos alternativos para modelação e validação de modelos, dependendo da complexidade da estrutura e das tecnologias de processamento de micro-ondas.

As conquistas tecnológicas estão relacionadas com a interação orientada com a energia de micro-ondas, que melhora a eficiência do processamento (reduz o preço do produto final) e permite uma normalização total da qualidade do produto final personalizado, através de um controlo rigoroso do historial térmico.

Além disso, poderiam ser concebidos novos alimentos em condições óptimas de

processamento térmico em unidades de micro-ondas a baixos custos e com a melhor qualidade.

Os consumidores são persuadidos a comprar um alimento minimamente tratado termicamente, com benefícios significativos para a saúde (maior retenção de bio-nutrientes), mais atrativo (colorido, textura firme, suculência) e a um melhor preço.

Serão avaliados os impactos sociais e económicos. Além disso, serão considerados outros indicadores de qualidade do produto que afectam a decisão do consumidor ou a economia, como o bem-estar (para além da segurança alimentar e dos aspectos ambientais). A avaliação será efectuada utilizando os indicadores mais importantes, como o valor acrescentado e a criação de novos postos de trabalho.

As aquisições de investigação efectuadas no âmbito do projeto BERD MICRO abrem caminho a novas melhorias na modelação comportamental do processamento de micro-ondas, bem como a novas abordagens de otimização.

VIII. PLANO DE EXECUÇÃO DO PROJECTO

Disposições práticas para a execução e gestão do projeto de investigação

Os parceiros do projeto BERD MICRO já acordaram uma abordagem de modelização comum, a fim de garantir uma plataforma de conhecimento uniforme, eficiente e integrada para as partes interessadas.

A abordagem positiva entre os parceiros do projeto tem estado em vigor desde o início do projeto e reflecte o entusiasmo e o potencial de sucesso entre as partes envolvidas no desenvolvimento do modelo. Como há muito pouca informação disponível sobre o tópico do projeto, a equipa do projeto irá produzir uma revisão da literatura para investigar a dinâmica do comportamento térmico no MLS.

Os padrões dinâmicos de comportamento no processamento de micro-ondas serão associados às realizações científicas da BERDMM, a fim de preencher a lacuna de informação que existe atualmente e de criar sinergias na RDD.

A capacidade de unir forças com universidades e centros de investigação, empresas e a União Europeia (através da Comissão Europeia) é a primeira disposição crucial para o sucesso do projeto. A colaboração tem lugar através da representação mútua em comités e da interação em conferências, convenções e workshops. Será feito um grande esforço para divulgar os resultados do projeto, para as comunidades científicas e industriais e para o público em geral, e o esforço continuará mesmo após o encerramento do projeto.

O coordenador, juntamente com os participantes no projeto, investirá os seus esforços de forma complementar, a fim de alcançar os objectivos do projeto e os resultados esperados.

A probabilidade de sucesso da proposta BERD MICRO é reforçada pelas provas passadas e actuais da capacidade dos participantes para cooperar em equipas/projectos de trabalho da UE.

As realizações dos objectivos da proposta do projeto constituem um excelente ponto de partida para a investigação molecular básica em modelos de MLS e para a implementação de aplicações optimizadas num processamento sustentável por micro-ondas bem padronizado e optimizado para novos alimentos e no sector da medicina. As colaborações no âmbito do projeto serão prosseguidas com os seguintes *aspectos práticos*:

- Contribuição para quaisquer redes profissionais europeias: EFFoST SIG sobre Segurança Alimentar, GHI, Food for Life, IUFoST.

- A análise das necessidades científicas, técnicas e tecnológicas das partes interessadas envolvidas e as reuniões de consulta pública e a convenção das partes interessadas constituem uma parte importante do projeto BERD MICRO.

- Participação nas principais conferências anuais: EFFoST, GHI, NeFood, CeFood, etc.

Grupo de Gestão de Projectos (GGP)

Coordenador: **Coordenação e administração**

- Efectua o controlo global do projeto

- Propõe acções / actividades e mantém os procedimentos do projeto

- Coordena as actividades operacionais, incluindo a elaboração de relatórios e a convocação de reuniões

- Assegura e/ou estabelece o fluxo de comunicação interna e externa

- Elabora as acções necessárias a tomar em caso de desvio em relação ao plano do projeto

- Apoia os participantes no projeto na resolução de questões administrativas

- Gestão de riscos e mediação/resolução de conflitos

- Controlar e comunicar o progresso dos pacotes de trabalho (WG)

- Relatórios internos sobre o estado da situação para o PMG

- Mantém a supervisão das acções globais de divulgação e de sensibilização das partes interessadas.

Cientista responsável (SC): **Gestão e integração de projectos**

- A principal tarefa é garantir que a ciência e a tecnologia estão a convergir

- Analisa e controla as actividades técnicas para garantir que o trabalho se mantém no bom caminho

- Implementar protocolos de interação para garantir que as interdependências são tidas em conta

Assegura-se de que os resultados do trabalho estão disponíveis atempadamente para os dependentes

sobre ele

- Controlo da qualidade dos resultados científicos e técnicos

O coordenador do projeto será apoiado por um **gabinete de projeto** administrativo, composto por pessoal especializado, com formação em gestão de projectos e pessoal de apoio administrativo responsável pela resolução das questões administrativas, financeiras, de comunicação e de direitos de propriedade intelectual.

O gabinete de projeto, sob a supervisão do coordenador, realizará as seguintes tarefas

- Gerir a entrega e o fluxo de documentos administrativos e financeiros.

- Gerir a apresentação de resultados e relatórios à Comissão.

- Assegurar o arquivo de toda a documentação que acompanha a organização prática e as finanças.

- Organizar todas as reuniões do projeto.

- Manter um elevado nível de comunicação com os parceiros do projeto.

- Assegurar que os participantes no projeto cumpram todos os requisitos do contrato

- Ponto de contacto permanente entre o Coordenador e todas as partes envolvidas no projeto.

As decisões devem ser, em geral, o resultado de um trabalho de equipa. Os resultados e as etapas serão utilizados para acompanhar o progresso do projeto, e todos os relatórios relacionados com o contrato e os resultados da avaliação crítica dos riscos poderão ser objeto de uma análise independente por parte de revisores externos nomeados *"ad hoc"* para este efeito. A preparação dos relatórios internos regulares de avaliação dos progressos é utilizada para fornecer dados para os relatórios de gestão periódicos à Comissão Europeia, o que garantirá um acompanhamento global regular dos custos e do financiamento do trabalho do projeto e do seu progresso técnico esperado.

O sítio Web do projeto será utilizado para manter o arquivo de documentos do projeto e, juntamente com as comunicações electrónicas (correio eletrónico, telefone, instalações para reuniões por conferência telefónica, etc.), actuará como uma plataforma de comunicação interna e externa central para o projeto.

IX. IX.O PLANO DE TRABALHO DO PROJECTO CIENTÍFICO

O **plano de trabalho detalhado**, com pacotes de trabalho específicos que incluem **os objectivos e as etapas** que podem ajudar a avaliar o progresso do projeto, foi apresentado no Quadro 1, Quadro2 e Quadro3.

Quadro 1 Lista dos pacotes de trabalho do projeto (WP)

Pacote de trabalho n.º.	Título do pacote de trabalho	Tipo de atividade	Mês de início	Fim do mês	Projeto Ano
WPl(a)	Conceito e design BERDMM 01: Distribuição da energia de micro-ondas na cavidade de processamento. Avaliação do perfil de temperatura em MLS 02: Padrão de absorção e distribuição dos gradientes térmicos correlacionados com os marcadores-chave	RTD	1	6	Ano
WPl(b)	Avaliação BERDMM 01: Rastreio termo-dielectrico de MLS. Modelo de antena de distribuição de susceptores. 02:Rastreio termodinâmico da MLS 03: Perfil dinâmico de calor específico em MLS com distribuição específica de compostos com ponto Curie específico	RTD	7	9	
WP2	BERD MM Construção 01:Marcadores biológicos para o modelo de previsão 02: Marcadores técnicos para o modelo de previsão 03: Formulação BERDMM	RTD	10	15	
WP3	Segurança e otimização energética BERDMM 01: Otimização BERDMM de segurança 02:Otimização BERDMM com desempenho energético	RTD	16	19	Ano2
WP4	Validação BERDMM da aplicação optimizada 01:Validação experimental do BERDMM 02:Validação estatística do BERDMM	RTD	20	24	

| WP5 | Divulgação e alcance

O1:A página Web do projeto actualizada em tempo de projeto

O2:Dois artigos científicos em TIFS e Innovative and Innovative Food Science and Emerging Technologies

O3: Três apresentações orais na Conferência EFFoST, na Conferência Anual do IFT e na ProFood

O4: Workshop interno com convite de parceiro industrial. | OTH | 1 | 24 | **Anos 1 e 2** |
| WP6 | Coordenação e gestão

O1:Coordenação da investigação

O2:Gestão de projectos | MGT | 1 | 24 | |

Quadro 2 Objetivo Etapa Data prevista e meios de verificação

Número da etapa	Nome da etapa	Pacotes de trabalho envolvidos	Mês previsto (M)	Meios de verificação
MS1	ProjectoPágina WebWP5	,WP6	M3	Internet
MS2	Gráfico de distribuição do campo elétrico. distribuição de temperatura em MLS	WPlfaj ,WP6	M3	WPLl Nota adoptada pelo PMG
MS3	Gráfico do padrão de absorção e da distribuição dos gradientes térmicos WPlfaj ,WP6 M5 correlacionados com os marcadores-chave			WPLlNota adoptada pelo PMG
MS4	Rácio absorvido/refletido em MLS	WPlfaj ,WP6	M6	WPLl Nota adoptada pelo PMG
MS5	Gráfico de distribuição dos bio-susceptores ,WP6 M7	WPlfbj		WPLlfbjNota adoptada por PMG
MS6	Triagem termodinâmica de MLS. Termo-reológica parâmetros acordados	WPlfbj ,WP6	M8	WPLlfbjNota adoptada por PMG
MS7	Padrão dinâmico de calor específico WPlfbj ,WP6 M9 em função da distribuição de compostos com ponto de Curie específico			WPLl fbj Nota adoptada pelo PMG. Nota de imprensa apresentação para apresentação noIFT
MS8	Seleção de bio-marcadores	WP2,WP6	M12	conferência

				WPL2Nota adoptada pelo PMG.
MS9	Marcadores técnicos acordados	WP2,WP5, WP6	M14	Workshop interno anunciado na página Web.
MSlO	Participação no protocolo BERDMM	WP2,WP5, WP6	M15	Aviso de envio de artigo para a revista Trends in Food Science & Technology
MSll	Resultados da análise de risco de Aplicação BERDMM	WP3,WP6	M17	Nota WPL4 adoptada pelo PMG. Aviso de submissão de artigo para apresentação oral na conferência ProFood
MSl2	Desempenho energético resultados da análise da aplicação BERDMM	WP3, WP5, WP6	M19	Aviso de envio de artigo para apresentação oral na conferência EFFoST
MSl3	Resultados da validação experimental do BERDMM	WP4, WP6	M22	Base de dados com os resultados experimentais adoptada pelaPMG . Convenção das partes interessadas.
MSl4	Resultados da validação estatística de BERDMM	WP4, WP5, WP6	M24	Aviso de submissão de artigo à revista Innovative and Innovative Food Science and Emerging Technologies

Quadro 3 O plano de trabalho do projeto

	Actividades planeadas	ANO 1				ANO 2			
		QI	QII	QIII	QIV	QI	QII	QIII	QIV
PLANO DE TRABALHO	**WP1(a)**								
	MS1								
	MS2								
	MS3								
	MS4								
	Resultados (WP5)	1							
	WP1(b)								
	MS5								
	MS6								
	MS7								
	Resultados (WP5)			1					

WP2								
MS8								
MS9								
MS10								
Resultados (WP5)					2			
WP3								
MS11								
MS12								
Resultados (WP5)						2	1	
WP4								
MS13								
MS14								
Resultados (WP5)							2	1
WP6								

A gestão dos direitos de propriedade intelectual (DPI) e a exploração dos conhecimentos gerados pelo projeto desempenharão um papel central na administração do projeto e são colocadas como uma questão-chave de gestão no WP6 - Gestão do Projeto.

Especificamente, a divulgação e a proteção dos conhecimentos serão uma atividade importante para cumprir a obrigação contratual de tornar os resultados públicos e, ao mesmo tempo, proteger os conhecimentos criados no âmbito do projeto. Será necessária a aprovação de todas as publicações. Por último, o relatório sobre a utilização e a divulgação dos conhecimentos será fornecido regularmente no âmbito dos relatórios solicitados.

Os princípios fundamentais dos DPI relativos às presentes propostas de projeto são apresentados a seguir:

• Propriedade do conhecimento: A criação de conhecimentos e os direitos de propriedade conexos têm de ser controlados para evitar fricções e litígios. Os acordos entre as partes que contribuíram para a criação de conhecimentos serão objeto de mediação e apoio. Os acordos de cessão de direitos a terceiros serão também objeto de controlo e será assegurada a participação da Comissão.

- Direitos de acesso: Durante o período de vida do projeto, a gestão do projeto pode apoiar o processo eficiente de concessão de direitos de acesso aos conhecimentos.

- Proteção dos conhecimentos: A gestão do projeto acompanhará de perto a obrigação de proporcionar uma proteção "adequada e eficaz" da propriedade intelectual para os conhecimentos susceptíveis de aplicação industrial ou comercial.

- Utilização dos conhecimentos: Assegurará que a obrigação de utilizar os conhecimentos desenvolvidos no âmbito do projeto seja conhecida e compreendida e que os contratantes mantenham registos escritos sobre a utilização dos conhecimentos, quer direta quer indireta.

- Difusão dos conhecimentos: Ao mesmo tempo que se garante o cumprimento da obrigação de difusão, o procedimento de publicação, em particular, deve ser bem estabelecido para evitar violações da confidencialidade ou revelações involuntárias de conhecimentos que devem ser protegidos, e para tornar o processo eficaz e fácil de utilizar, de modo a que a difusão seja frequente e não demasiado pesada.

- Planeamento e relatórios: A intervalos regulares ligados aos "períodos de apresentação de relatórios" especificados, o projeto apresentará um relatório das actividades de utilização e divulgação anteriores, bem como das que estão planeadas.

X.   O IMPACTO DO PROJECTO CIENTÍFICO

Os projectos actuais abrangem muitas áreas científicas, desde o processamento térmico, ferramentas de otimização de micro-ondas, segurança alimentar e desempenho térmico em aplicações industriais, inovação em bio-engenharia e qualidade total. No atual mercado global, a indústria está, mais do que nunca, convencida de que é necessário alcançar uma vantagem competitiva através da inovação.

Um produto feito à medida, novos alimentos requerem uma combinação específica de seleção de matérias-primas, uma nova combinação de processos/parâmetros em tecnologias inovadoras para um novo ambiente empresarial.

Os resultados do projeto têm um contributo fundamental na aplicação alargada do BERDMM no processamento industrial de MLS complexos, questão de excelência científica com abordagem original e modelo optimizado inovador.

A competitividade da ERA será reforçada pela colocação no mercado científico desta nova ferramenta, uma vez que o modelo optimizado completo é uma alternativa à abordagem de bioengenharia atual e associa a resposta termo-dielectrica ao impacto termo-reológico numa perspetiva energética de segurança e desempenho.

Outros objectivos competitivos do EEI incluem a geração de conhecimentos de bio-engenharia para tornar a aplicação industrial de micro-ondas mais sustentável e para proporcionar uma cadeia de processamento mais segura, de melhor qualidade e com impacto agroalimentar e medicinal.

A importância da investigação em curso e os benefícios adicionais para o EEI significam que muitos dos resultados dos projectos em curso e finais têm potencial para influenciar a legislação em matéria de segurança alimentar e processamento de alimentos. O impacto nos novos mercados dos alimentos de conveniência e dos alimentos dietéticos é enorme, bem como no sector da restauração rápida, os primeiros utilizadores do processamento por micro-ondas.

Os avanços na bio-engenharia inversa com bio-marcadores e controlo de tecno-marcadores produzem sinergias reais a longo prazo entre a construção estrutural da engenharia alimentar real e os protocolos de avaliação e modelização dos efeitos biológicos.

A investigação que apoia a inovação na indústria alimentar também contribui para enfrentar os desafios das sinergias e dos efeitos estruturantes nas pequenas e médias empresas, centrados no processamento de novos alimentos e na qualidade e sustentabilidade da cadeia alimentar total. O projeto científico tem a ambição de se envolver numa rede altamente apreciada por empresas (PMEs e grandes organizações), institutos de investigação, bem como por agentes de inovação nacionais e regionais. O projeto cria uma rede que está bem ligada a outras iniciativas semelhantes e é amplamente utilizada com sucesso para criar uma colaboração internacional e reforçar a competitividade dos sectores europeus relacionados com a alimentação e os alimentos.

Além disso, tencionamos utilizar as tecnologias da informação para fornecer sistemas normalizados de recolha de dados e de transferência de conhecimentos, a fim de facilitar a cooperação e o intercâmbio de dados com as RE da UE, os parceiros industriais e o público em geral.

A BERD MICRO inspira novas abordagens que irão criar tecnologias mais eficientes e novos produtos e gera maiores oportunidades de negócio para toda a cadeia de valor socioeconómico.

O principal objetivo das actividades de resultados foi assegurar a divulgação e o alcance adequados e em larga escala das partes interessadas relativamente aos desenvolvimentos do projeto a três níveis:

- Para os parceiros do projeto
- Para além dos limites do projeto

- Contacto com as principais partes interessadas para validação dos resultados do projeto

A divulgação dos resultados do projeto é uma parte consistente e importante, com informações sobre quase todos os aspectos do projeto acessíveis ao público.

Foram previstas várias actividades para assegurar o melhor intercâmbio de conhecimentos e experiências gerados no projeto, juntamente com todos os intervenientes relevantes (por exemplo, departamentos governamentais, ONG, organizações de investigação, associações, produtores primários, transformadores, comerciantes, retalhistas, instituições de ensino/formação, etc.), tanto à escala europeia como mundial. Após a conclusão do projeto, o sítio Web será mantido para apoiar os serviços de assistência regionais e para continuar a divulgar os resultados do projeto.

Tudo isto será conseguido através de uma série de diferentes actividades de divulgação, incluindo:

1. Desenvolvimento de um sítio Web dedicado ao projeto

O objetivo do sítio Web é ser uma poderosa ferramenta de divulgação e interface entre o projeto e a comunidade externa interessada em sistemas optimizados de processamento de micro-ondas, bem como uma ferramenta de comunicação interna do projeto. O sítio Web descreve em pormenor os objectivos, as reuniões e os resultados e produtos disponíveis ao público, com um resumo dos resultados publicado de seis em seis meses.

O sítio Web do projeto será criado pela instituição de acolhimento com a assistência do coordenador do projeto e incluirá:

- Uma plataforma pública com informações gerais sobre a abordagem, os objectivos, os resultados e a metodologia do projeto

- Uma plataforma privada onde os documentos relevantes do projeto, projectos, etc. podem ser apresentados para consulta e discussão.

Após a duração do projeto, o sítio Web continuará a apoiar os serviços de assistência regionais e a divulgar os resultados do projeto.

2.   Acções dos Embaixadores Marie Curie

Duas visitas dos Embaixadores Marie Curie a uma importante organização comunitária promoverão o programa de bolsas Marie Curie e a abordagem e os resultados inovadores da investigação.

3.   Desenvolvimento de material informativo

O material informativo é essencial para fazer chegar a mensagem ao público e transferir tecnologia para a indústria. Serão produzidos e disponibilizados materiais para o público em geral. Um artigo na imprensa popular local sobre os resultados do projeto e a forma como estes resultados podem ser relevantes para o público em geral será produzido a cada 6 meses durante o projeto.

O objetivo é sensibilizar o público para os procedimentos ideais de processamento por micro-ondas para as principais categorias de alimentos. Será desenvolvida uma apresentação em power point, que estará disponível para download na página web do projeto; serão também desenvolvidos folhetos e um cartaz.

4.   Actividades de imprensa: Publicação em revistas relevantes e criação de um boletim informativo eletrónico

A iniciativa de divulgação adicional incluirá a publicação de dois artigos em revistas relevantes (International Innovation, Research Media Ltd., Reino Unido e New Food, Russell Publishing Ltd., Reino Unido) e na criação de jornais electrónicos com o objetivo de promover o trabalho realizado no âmbito do projeto. A revista New Food (13.861 leitores) e a grande base de dados de contactos (LinkedIn & Twitter) publicarão permanentemente em maior escala os resultados seleccionados do projeto. Além disso, as e-Newsletters na Wikipédia representarão um documento baseado na Web a ser divulgado na Internet para a atenção do público em geral. As notícias sobre as realizações do BERD MM, bem como outras iniciativas relevantes para o projeto, serão publicadas e divulgadas através de motores científicos na Internet, como o ResearchGate, o Mendeley, etc.

5.   Publicações e apresentações orais em conferências internacionais

Os resultados do projeto de investigação serão apresentados em três conferências internacionais relevantes: EFFoST, IFT e IUFOST, atingindo um público-alvo de mais de dez mil pessoas em dois anos. A publicação de dois artigos em revistas com revisão por pares (Trends in Food Science & Technology e Innovative and Innovative Food Science and Emerging Technologies) irá aumentar a influência da informação científica obtida na investigação do projeto. As reuniões do projeto serão também organizadas em conjunto com essas conferências internacionais, de modo a facilitar as deslocações dos parceiros e a minimizar os custos de divulgação.

6.   Publicação de um guia prático para as partes interessadas no sítio Web do projeto, incluindo os resultados alcançados durante o período do projeto. Esta publicação pode ser utilizada pelas partes interessadas para obterem mais conhecimentos sobre os procedimentos de processamento de micro-ondas eficientes e seguros nas instalações industriais. Os resultados do projeto e a base de dados serão disponibilizados para validação por, pelo menos, três grupos diferentes de partes interessadas.

7.   No âmbito do projeto, serão organizados um workshop interno, uma convenção de partes interessadas e um dia de abertura do projeto. Este workshop será preferencialmente organizado como parte ou sessão de um evento maior da indústria alimentar para assegurar um nível mais elevado de atenção e impacto tanto para o público-alvo científico como para as partes interessadas e estudantes. Serão convidados produtores, organizações não governamentais, entidades reguladoras e gestores de qualidade. Para além de avaliar as

potenciais oportunidades, ameaças, pontos fortes e fracos do ponto de vista das partes interessadas, será explorado o nível de compreensão dos diferentes conceitos relativos à aplicação do BERDMM, incluindo metodologias probabilísticas e necessidades de informação percebidas. Estes dados serão comunicados no PMG e no relatório final do projeto e constituirão a base para outras iniciativas de investigação.

XI. REFERÊNCIAS BIBLIOGRÁFICAS PERTINENTES

K.G. Ayappa (1999). Absorção de potência de micro-ondas ressonante em placas Journal of Microwave Power and Electromagnetic Energy, 34: 33-41

Bejan, A. (1997). "Advanced Engineering Thermodynamics," (2ª ed.). New York: Wiley.

Dick, J. (2006). "A engenharia inversa fornece conhecimentos sobre o produto; ajuda à difusão da tecnologia". Electronic Design. Penton Media, Inc. Recuperado em 2009-02-03.

Gavrus A (1996). "Identification Automatique des Paramètres Rhéologiques par Analyse Inverse" ("Identificação Automática de Parâmetros Reológicos por Análise Inversa"), Tese de Doutoramento, Mines Paris Tech, Paris.

Eilam, E. & Chikofsky, E. J. (2007). Reversão: segredos da engenharia reversa. John Wiley & Sons. p. 3. ISBN 978-0-7645-7481-8.

C.-C. Jia, D.-W. Sun, C.-W. Cao (2000). Mathematical simulation of stresses within a corn kernel during drying, Drying Technology, 18 (4-5) : 887-906

Nelson, S. O. (1992). Estimation of permittivities of solids from measurements on pulverized or granular materials, Capítulo 6, Dielectric Properties of Heterogeneous Materials (Priou A, ed.), Vol. 6, Progress in Electromagnetics Research (Kong J A, ch. ed.). Elsevier Science Publishing Co., Nova Iorque, EUA

J.N. Reddy (1993). Uma Introdução ao Método dos Elementos Finitos McGraw-Hill, Nova Iorque

Ryynanen S. (1995). As propriedades electromagnéticas dos materiais alimentares: uma revisão dos princípios básicos. Jornal de Engenharia Alimentar, 26(4), 409-429

Schiffmann R F. (1995). Secagem por micro-ondas e dieléctrica. Handbook of Industrial Drying, **1,** 345-371

Sun E; Datta A; Lobo S (1995). Previsão baseada na composição das propriedades dieléctricas dos alimentos. Journal of Microwave Power and Electromagnetic Energy, **30**(4), 205212

Thostenson E T; Chou T W (1999). Processamento de micro-ondas: fundamentos e aplicações. Composites A **30**, 1055-1071

Venkatesh M. S. (1996). Técnica de perturbação da cavidade para medição das propriedades dieléctricas de alguns materiais agro-alimentares. Dissertação de Mestrado, Universidade McGill, Campus Macdonald, Canadá.

Vintila I., Gavrus A. (2017). Um modelo de computação geral baseado no princípio de análise inversa usado para análise reológica de emulsões de óleo de colza e soja W / O, Anais da Conferência do Instituto Americano de Física.

Printed by Books on Demand GmbH, Norderstedt / Germany